Les Petites Pommes du Savoir

Les Petites Pommes du Savoir

n°1. *Le Temps existe-t-il ?* Étienne Klein
n°2. *Cloner est-il immoral ?* Laurent Degos
n°3. *Pourquoi la mer est-elle bleue ?* Pierre Laszlo
n°4. *Peut-on guérir le cancer avec des OGM ?* Louis-Marie Houdebine
n°5. *Le Climat est-il devenu fou ?* Robert Sadourny
n°6. *Dopés, victimes ou coupables ?* Françoise Siri
n°7. *Peut-on croire les sondages ?* Gilles Dowek
n°8. *La Radioactivité est-elle réellement dangereuse ?* Jean-Marc Cavedon
n°9. *En amour, sommes-nous des bêtes ?* Michel Serres
n°10. *Algues, lapins, termites… Quelles espèces nous menacent ?* Michel Lamy
n°11. *Quel avenir pour le développement durable ?* Dominique Bourg
n°12. *Voulez-vous jouer avec les maths ?* Gilles Dowek
n°13. *Peut-on boire l'eau du robinet ?* Pierre Laszlo
n°14. *Peut-on voyager dans le temps ?* Gabriel Chardin
n°15. *Pourquoi le Soleil brille-t-il ?* Alain Bouquet
n°16. *Faut-il légaliser l'euthanasie ?* Michel Hautecouverture

… et voir page 64.

Étienne Klein

La science nous MENACE-t-elle ?

Les Petites Pommes du Savoir

Éditions
Le Pommier

L'auteur tient à remercier tout spécialement Roland Schaer, initiateur du Collège de la Cité des sciences. Certains paragraphes de ce livre doivent beaucoup aux discussions qu'il a eues avec lui.

édition : Juliette Thomas
conception graphique :
Atelier Daniel Leprince
relecture : Valérie Gautheron

2.74650109.0
Éditions Le Pommier, 239 rue Saint-Jacques, 75005 Paris

Introduction

Personne ne connaît la révolution qu'il fait.
Friedrich Engels

Notre société semble saisie par une nouvelle passion : la peur comme figure jusqu'alors inédite du lien social. C'est sans doute la question du nucléaire qui a ouvert le processus, du seul fait qu'elle entremêlait de façon inextricable l'idée d'une révolution scientifique majeure, celle d'une ressource énergétique considérable et aussi celle d'une formidable puissance de mort. Depuis, les controverses se sont intensifiées, diverses dans leur nature, différentes dans leurs enjeux, à l'occasion des OGM, de la crise de la vache folle, des débats sur le clonage, des révélations sur les changements climatiques : tout se passe désormais comme si les avancées accomplies dans l'étendue des savoirs ou la puissance des techniques devaient se payer, à chaque fois, de risques accrus, d'ordre sanitaire, environnemental ou encore symbolique, qui alimentent à leur tour l'inquiétude et la défiance.

Pour se convaincre de la nouveauté et de l'ampleur du phénomène, il suffit de mesurer la distance – en vérité astronomique – qui nous sépare des premiers temps démocratiques. Face au tremblement de terre qui dévasta Lisbonne en 1755 et fit plusieurs milliers de morts, la réaction des meilleurs esprits de l'époque fut unanime et confiante : grâce aux futurs progrès des sciences et des techniques, une telle catastrophe pourrait, à l'avenir, être évitée. La géologie, les mathématiques et la physique permettraient de prévoir et même de prévenir les malheurs que la nature inflige si cruellement aux hommes. Bref, la science, plus exactement *les* sciences et leur périphérie allaient nous sauver des tyrannies de la matière brute. Le postulat était le suivant : l'accumulation des connaissances scientifiques ne peut qu'augmenter le nombre des réalisations techniques et industrielles, lesquelles ne peuvent que déboucher sur une amélioration générale de la condition humaine, voire sur le bonheur en personne. Cette doctrine a fini par devenir un véritable catéchisme, dont les premiers théoriciens ont été Descartes, Bacon, Condorcet – Comte, Spencer ou Renan prenant le relais. Au cours du XIXe siècle, les résultats de la science devenant rapidement très spectaculaires, l'idée germa que les pouvoirs croisés de la science, de l'instruction et du commerce conduiraient à l'âge d'or du genre humain, dont Saint-Simon, curieusement déguisé en Madame Soleil, prédisait (en 1814) l'arrivée à échéance de quelques générations. Ainsi l'idée de progrès en vint-elle à supplanter l'idée de salut, et à faire de l'avenir le refuge de l'espoir.

Aujourd'hui, changement de décor. D'abord, le futur inquiète : nous sommes assaillis par la crainte de ce qu'il adviendra après nous. Mieux, par un remords anticipateur à l'égard de ce qui pourrait se produire.

On rétorquera que l'avenir a toujours fait peur, mais il y a une différence essentielle : l'avenir nous inquiétait hier parce que nous étions impuissants, il nous effraie aujourd'hui par les conséquences de nos actes, que nous n'avons pas les moyens de discerner. Lucides, nous sentons que notre maîtrise des choses est à la fois démesurée et incomplète : suffisante pour que nous ayons conscience de faire l'histoire, insuffisante pour que nous sachions quelle histoire nous sommes *effectivement* en train de faire.

Ensuite, alors même que la société moderne a accédé à un niveau de sécurité qui n'a pas son pareil dans l'histoire, elle se reconnaît volontiers comme « la société du risque ». Tout y est pensé sous l'angle de la menace. Selon certains commentateurs, nous serions même entrés de plain-pied dans ce qu'ils appellent « le temps des catastrophes[1] ». Pareil « air du temps » n'est pas sans effet sur nos réactions : à chaque fois qu'une innovation scientifique ou technique s'annonce, nous nous empressons de dresser la liste des dangers potentiels que cette innovation pourrait induire, quand bien même ces risques seraient très faibles. Serions-nous devenus hyperangoissés ? Nous exigeons en tout cas le service parfait, le « zéro défaut », la technologie silencieuse, propre, sobre, économe, sans aucun effet négatif. Or l'ingénieur sait qu'il ne peut fournir tout cela à la fois. D'ailleurs, personne ne le peut.

Enfin, c'est à tout prendre la nature qui nous semble désormais bienveillante. Aux antipodes de l'optimisme des Lumières, nous ne décrivons plus systématiquement les avancées de la science comme un progrès, mais comme une chute hors de quelque paradis perdu. Ou, pour mieux dire, nous nous inquiétons de savoir si nous avons été rendus plus libres et plus heureux par la multiplication des performances techniques. En marge (ou à cause) de ce retournement dialectique, le thème de l'apprenti sorcier reprend du service en élargissant son spectre : il n'est plus seulement associé au savant atomiste (il l'est peut-être d'ailleurs de moins en moins), mais aussi au biologiste, désormais apte à manipuler la vie elle-même. Le mythe de Frankenstein, lui aussi en pleine forme, vit une seconde jeunesse. Il nous contait l'histoire d'une créature monstrueuse ou magique qui échappait insensiblement à son créateur et menaçait de dévaster la terre. Mais c'est désormais à la recherche scientifique elle-même que s'applique la métaphore : naguère encore conduite et dominée par les êtres humains, elle menacerait aujourd'hui de leur échapper. D'où la méfiance accrue de nos concitoyens vis-à-vis des détenteurs du savoir, soupçonnés de fabriquer clandestinement de l'inhumain, d'accroître les périls en tout genre, d'œuvrer en sourdine à l'épouvante.

De tels soupçons se trouvent en outre démultipliés par le fait que nous sommes devenus très sensibles aux risques : tout ce qui peut mettre en danger nos existences nous terrorise. L'angoisse d'une mort que nous feignons de croire évitable se décline désormais en une infinité de peurs nouvelles. Elle s'est comme redistribuée, s'infiltrant sous une forme exorcisée dans tous les actes de la vie quotidienne : manger, respirer, voyager, consommer, tout nous donne la frousse. Cela s'explique sans doute : dans les pays industriels, l'accroissement exceptionnel de l'espérance de vie et l'accès du plus grand nombre à un certain confort matériel font que, pour la première fois dans l'histoire, chacun peut considérer son existence comme une sorte de capital acquis, d'une durée à peu près assurée ; du coup, perdre la vie ou la santé, c'est perdre beaucoup, en tout cas beaucoup plus qu'autrefois. D'autant que, dans le même temps, l'espérance religieuse en l'au-delà s'est estompée (il n'y aura ni deuxième chance ni lot de consolation), ce qui rend la vie, la vie qui est là, présente, encore plus précieuse à nos yeux.

Si cette atmosphère intellectuelle a été annoncée par des penseurs visionnaires de la trempe de Nietzsche, elle n'a guère eu de précédent. Pourquoi donc en sommes-nous venus à mettre en doute les idéaux qui, deux siècles plus tôt, nous semblaient fondateurs de la civilisation ? S'agit-il d'un reniement, d'une bouderie d'enfants gâtés ou d'un sursaut de lucidité ?

La crise de l'avenir

L'homme est un destin
qui nous dévisage depuis l'avenir.
Hans Jonas

Que nous les considérions fondées ou non, les peurs liées à la science baignent dans un contexte général où l'idée d'avenir n'a plus que de pâles couleurs. Mais la science n'est certainement pas seule responsable de cet affadissement du futur (qui doit également beaucoup à l'effondrement des utopies politiques). On peut même se demander si elle n'est pas plutôt la première victime d'une « crise de la patience » qui touche désormais tous les secteurs de la vie sociale.

Aujourd'hui, c'est le présent qui nous domine, du matin au soir : ontologie de l'actualité, hégémonie de l'instantané, autorité du temps soi-disant *réel*. Désormais, rien n'est vrai que l'immédiat. Mais en même temps qu'il devient écrasant, le présent se déconnecte de l'avenir. Il devient comme autonome, du moins à nos yeux. Piégés dans un flux qui nous submerge, nous perdons en effet les moyens de discerner quel paysage général est aujourd'hui en train d'émerger, presque à notre insu, et notamment la place qu'y occupera la science.

Pendant longtemps, nos discours sur l'avenir s'étaient pourtant laissés imprégner par une espèce de confiance dans le déterminisme. Les conditions de départ et les lois de l'Histoire étaient censées cadenasser la trajectoire qui serait suivie, avec une claire répartition des rôles : les grandes infrastructures et la force du progrès déterminaient l'avenir collectif ; les origines socioculturelles, les qualités personnelles et les traumas de la petite enfance conditionnaient les destins individuels. À petite comme à grande échelle, le temps se déployait selon un régime banalement balistique, comme une pierre lancée en l'air.

Aujourd'hui, nouvel air du temps. Nouvelle ère aussi. Nous ne parvenons plus à penser ce qui va survenir en prolongement de ce qui est. L'avenir grimace sous le masque des dangers, il cesse d'être palpable, n'offre plus d'image ferme, comme si les ressorts de la prédiction avaient volé en éclats. Nous ne croyons même plus en l'idée selon laquelle il serait systématiquement complice des initiatives humaines. Qu'est-ce qui se construit ? Qu'est-ce qui se détruit ? Nous l'ignorons pour une grande part, constatant seulement que notre maîtrise ne cesse de produire de la non-maîtrise, que nos savoirs ne cessent de produire de l'ignorance, qui elle-même suscitera de nouvelles connaissances, qui elles-mêmes… Ainsi sentons-nous que, par des boucles nouvelles et inattendues, nous finirons nous-mêmes par dépendre de choses qui ne dépendent que de nous. Du coup, cet avenir même que nous sommes en train de préparer d'une façon apparemment délibérée, au fond de nous-mêmes, nous le craignons.

D'autant que les idéologies pas si anciennes qui avaient porté l'espoir de refaire un monde neuf se révèlent aujourd'hui sans prise : par l'effet d'une lassitude universelle, d'une pesanteur inexorable, l'espoir d'un futur radicalement « autre » (c'est-à-dire radieux et chantant) s'est effacé, comme si la prophétie s'était brisée quelque part : l'heure n'est pas celle de l'apocalypse, non, plutôt celle de l'obscurcissement qui gagne, d'un crépuscule qui progresse, mais sans la chaleur prometteuse des soirs d'été.

Cette anomie qui affecte l'idée générale d'avenir a toutes sortes d'effets secondaires. Par exemple, elle rend difficile l'élaboration de projets. Car pour accomplir un projet, il faut le former, et d'abord le choisir pour le former. Autrement dit, il faut dissocier sa conception de sa réalisation. Et pour le choisir, il faut préalablement l'imaginer. Mais comment l'imaginer s'il est impossible de poser une forme de l'avenir ? C'est la matrice même du projet qui semble s'être ainsi effondrée. Nous ne parvenons plus à voir « par-delà le tableau ». Certes, on n'a jamais autant parlé de projets, notamment dans les entreprises, mais ce galvaudage ne fait pas illusion : il ne s'agit pas de véritables visions d'avenir, mais d'habillages fonctionnels destinés à accentuer le rendement, l'efficacité ou la rentabilité, à court ou à moyen terme. En réalité, jamais nous n'avons eu autant de moyens, et jamais nous n'avons eu aussi peu de projets.

À l'appui des discours inquiets, on peut toujours avancer des facteurs objectifs, d'ailleurs constamment évoqués : fin des certitudes, destruction des idéaux politiques, mondialisation, arrogance des puissants, cynisme des riches, indifférence globale pour une humanité presque en entier déshéritée, délaissée, oubliée. Le résultat, c'est qu'aujourd'hui la pensée est comme la mode : elle se porte sombre. On s'interroge sur l'avenir de l'homme et de la société, on évoque les crises qui éclatent, on recense les menaces qui pointent à l'horizon, celles de l'eau, de l'énergie, de la démographie. C'est assez clair sur les photos : les sommets internationaux où se discute le futur de la planète n'ont pas la décontraction des assemblées générales de l'Amicale de la rillette joyeuse. Faut-il donc décréter, avec Cioran, que seule « l'anxiété nous fournit des précisions sur l'avenir » ?

Il se trouve qu'un mot a justement été inventé pour résumer à lui seul le désir d'avenir. Ce mot, c'est *progrès*. Ses effets ont longtemps été magiques : le prononcer, c'était présenter l'avenir comme un accomplissement, avec l'idée que le meilleur allait de toute façon advenir, sinon pour nous, du moins pour nos enfants. On s'en remettait aveuglément au développement scientifique, technique et industriel, dont on pensait pouvoir étendre les bénéfices jusqu'à la politique et à la morale. L'idée générale de progrès sonnait en somme comme un bonheur différé. Consolatrice et porteuse d'espoir, elle procurait à l'anémie du présent une sorte de fortifiant.

Or que se passe-t-il aujourd'hui ? Il advient que la notion de progrès, ce cône autrefois grand ouvert sur l'avenir à partir du présent, semble se défaire. Plus exactement, tout se passe désormais comme si nous demandions au progrès de nous fournir des preuves de son existence *alors même* que la réalité des avancées accomplies en quelques siècles est indéniable. Un ouvrier européen d'aujourd'hui vit dans des conditions matérielles très améliorées par rapport à celles d'un duc du Moyen Âge : il mange à sa faim, dispose d'une médecine incomparablement plus efficace qu'au XIIe siècle et se voit attribuer une espérance de vie notablement plus longue que ses ancêtres. Progrès y a-t-il donc eu, indiscutablement, mais nous mettons moins d'enthousiasme qu'autrefois à le désigner et à le reconnaître. Serions-nous devenus aveugles ? Non, nous voyons bien que l'époque présente est à la production éclatante, à l'invention florissante, aux innovations tous azimuts, mais elle nous semble toujours emplie de carence. Un sentiment de manque est là, qui persiste en corrodant nos âmes. Quelque chose semble même s'aggraver, mais nous ne savons pas bien quoi… L'idée de progrès se mourrait-elle lentement, là, sous nos yeux ? Mais voilà : à cette seule éventualité, nous sommes pris de vertige et angoissés plus encore. Car nous ne sommes pas des Tarzans : nous pouvons à la rigueur accepter – voire rêver – de retourner brutalement à la nature brute, mais à la condition expresse de pouvoir emporter des vêtements en textile synthétique, une carte de crédit, un téléphone portable, un GPS, un sac à dos d'antibiotiques et au moins un disque des Rolling Stones.

C'est le paradoxe de notre rapport au progrès : nous prétendons ne plus y croire, mais nous tenons encore à lui, farouchement, à proportion de l'effroi que nous inspire l'idée qu'il puisse s'interrompre.

La recherche un continuum imprévisible

Mon oncle, un fameux bricoleur…
Boris Vian

Comment la science progresse-t-elle ? Et de quoi se nourrit-elle ? Comme le mercure de nos expériences scolaires, les idées scientifiques suivent des chemins impossibles à pressentir : elles se répandent, diffusent, se fragmentent, se retrouvent pour former de nouvelles confluences, de nouveaux deltas. De tout son long, l'histoire des sciences est gorgée de surprises et pleine d'ironie. Mille exemples y montrent qu'il est impossible d'imaginer ce que seront les éventuelles applications d'une recherche *a priori* purement cognitive : le GPS est une application (très détournée) de la relativité générale d'Einstein et c'est en voulant étudier certains phénomènes mettant en jeu des rayons X que Henri Becquerel a découvert… la radioactivité naturelle. Aujourd'hui encore, nul ne peut vraiment prévoir ce que sera la science de demain, ni quelles seront ses applications. Et encore moins deviner si les usages qu'en fera l'homme seront positifs ou négatifs.

Traditionnellement, on explique qu'il existe deux types de recherche, la recherche fondamentale d'une part, la recherche appliquée (ou finalisée) d'autre part : la première viserait à déterminer les lois générales de la matière, de la vie, de l'univers ou des comportements humains ; la seconde produirait des connaissances qui puissent être mobilisées pour agir sur le réel ou résoudre des problèmes pratiques. Mais cette présentation est évidemment trop sommaire. Alors on invoque d'autres « idéaux types » supplémentaires, comme l'ingénierie, qui met en œuvre les solutions proposées par la recherche appliquée, ou bien encore l'expertise, qui établit, auprès des entreprises ou des administrations, un bilan de connaissances pertinentes en vue d'une action particulière ou pour éclairer une décision. Mais en réalité, la pratique des chercheurs traverse si souvent ces catégories que l'espace de la recherche doit plutôt être pensé comme un *continuum* au sein duquel il est difficile de localiser des frontières vraiment étanches, et dont l'évolution est de surcroît imprévisible. Cela ne signifie pas que la distinction entre recherche fondamentale et recherche appliquée n'ait aucune pertinence, ni qu'on puisse mettre sur un pied d'égalité symbolique les différents types d'activités qui constituent la science : pour construire cette dernière, il a bien fallu qu'un modèle relativement parfait lui fût proposé, qui définît une bonne fois pour toutes le concept même de science comme construction pure et séparée de tout souci autre que celui de l'édifice même. Simplement, les choses sont aujourd'hui si enchevêtrées que les idéaux types que nous venons d'évoquer ne sont plus pensables séparément les uns des autres.

Donnons un exemple (tout récent) qui montre à quel point les retombées d'une recherche peuvent être inattendues : dans le but d'étudier les propriétés fondamentales d'une particule appelée neutrino, des chercheurs ont mis au point un détecteur extrêmement sensible, capable de mesurer de très faibles niveaux de radioactivité. Un beau jour de l'an 2000, au cours d'un déjeuner que l'on imagine volontiers arrosé, un œnologue prit langue avec l'un de ces physiciens. Préoccupé par le fait que les millésimes indiqués sur les bouteilles de certains grands crus sont faux, il lui demanda : y aurait-il un moyen de mesurer directement la date à laquelle un vin a été mis en bouteille ? Cette simple question fit aussitôt germer une idée dans la tête de son interlocuteur : ne pourrions-nous pas, grâce à notre détecteur ultrasensible, mesurer la radioactivité contenue dans les bouteilles de vin, notamment celle provenant du césium 137 ? Cette dernière ne peut être que très faible puisque le césium 137 est un corps radioactif qui n'existe pas naturellement dans l'atmosphère : il n'a pu être créé qu'artificiellement, essentiellement par des réactions de fission nucléaire, telles celles produites à l'époque où les grandes puissances procédaient à des essais nucléaires atmosphériques ou, plus tard, lors de la catastrophe de Tchernobyl. De fait, les mesures ont montré que le taux de césium 137 est nul dans les bouteilles datant d'avant 1950 (il n'y avait pas encore eu d'essai nucléaire), et qu'il varie ensuite en fonction du millésime, preuve que le vin garde la mémoire du césium 137 qui était présent dans l'air au moment de sa récolte[2]. Sans l'avoir vraiment cherché, une recherche menée en physique fondamentale peut donc venir en aide au Bureau de la répression des fraudes…

Réciproquement (mais c'est plus rare), des recherches en physique appliquée peuvent avoir des résonances jusqu'en physique fondamentale. Le plus bel exemple est la naissance en 1905 de la théorie de la relativité restreinte. À cette époque, Einstein travaillait comme expert à l'Office fédéral des brevets de

Berne. C'est là qu'il rédigea trois articles magnifiques dont l'un, intitulé « A propos de l'électrodynamique des corps en mouvement », expose les fondements de la théorie de la relativité et révolutionne les concepts d'espace et de temps. Quand on évoque cette période, on présente généralement Einstein comme un chercheur isolé, seulement intéressé par les questions théoriques et guère soucieux d'envisager les éventuelles applications de ses idées. La vérité est plus complexe. Car, comme l'a bien montré l'historien des sciences Peter Galison[3], l'article initiateur de la théorie de la relativité, loin d'être un sommet de la pensée spéculative, avait, en réalité, un goût de... brevet ! D'abord, sa forme n'est pas ordinaire : les mathématiques utilisées sont élémentaires, il n'y a pas de notes en bas de page, pas de références à aucun autre article ni à aucune expérience scientifique. Ensuite, détail crucial, les brevets que le futur père de la relativité expertisait à longueur de journée parlaient de...

synchronisation d'horloges et de coordination d'horaires des chemins de fer ! Il faut savoir en effet qu'à la fin du XIXe siècle, les heures des villes n'étaient pas toutes synchronisées et qu'un nombre grandissant d'ingénieurs cherchaient le moyen de standardiser les horloges. De ce point du vue, l'Allemagne était en avance sur les autres pays européens car, en 1891, un homme influent, le comte von Moltke, avait déclaré devant le Parlement impérial que la coordination de l'heure était une priorité nationale : elle était nécessaire pour les voyageurs et pour la défense militaire, et il fallait aussi que les cadrans des horloges donnent à voir l'unité allemande nouvellement conquise. Mais à cette époque, les ingénieurs étaient aux prises avec un joyeux mélange de systèmes mécaniques et électriques dont aucun ne donnait vraiment satisfaction. Au tout début du XXe siècle, les idées se mirent à jaillir comme promesses en campagne électorale. Une foule de brevets furent déposés, qui tous devaient passer par l'Office fédéral des brevets de Berne. La plupart arrivaient sur le bureau d'Einstein. En les décortiquant, ce dernier se rendit compte que quelque chose n'allait pas dans l'interprétation habituelle de l'électromagnétisme : lorsqu'on essaie de décrire, par exemple, l'interaction entre un aimant et un conducteur, on fait appel à une force électrique si c'est l'aimant qui est en mouvement, mais à une force magnétique si c'est le conducteur qui se déplace. Il y avait donc une asymétrie, qu'Einstein jugeait à juste titre inélégante. Pour la faire disparaître, il proclame d'abord la mort de l'*éther*, ce milieu mystérieux qui était censé vibrer au passage de la lumière, puis il examine les conséquences de cette hypothèse radicale : l'espace, le temps et la simultanéité se trouvent privés de leur caractère absolu. La relativité restreinte était née.

Bien que nous l'ayons trop rapidement raconté, nous entrevoyons dans cet exemple historique les multiples liens qui unissent les différentes facettes de la recherche scientifique. D'abord, on constate qu'une préoccupation d'ordre pratique peut conduire à une refondation des concepts les plus importants de la physique. Ensuite, qu'une telle refondation a des conséquences théoriques aussi bien que pratiques que personne ne peut d'emblée annoncer : par exemple, Einstein n'a pas immédiatement compris que sa nouvelle théorie impliquait l'équivalence de l'énergie et de la masse ($E = mc^2$) et il était encore à mille lieues de soupçonner que l'on pourrait grâce à elle fabriquer des bombes atomiques ou produire de l'électricité dans des centrales nucléaires.

Au bout du compte, c'est l'image traditionnelle d'Einstein qui mérite d'être corrigée (et avec elle celle de la science tout entière) : au lieu de le voir comme un scientifique « éthéré » ne faisant que gagner sa vie au Bureau fédéral des brevets de Berne, on peut tout aussi bien le considérer comme un ingénieur dont les préoccupations se réfractaient dans les mécanismes et les appareils techniques les plus symboliques de son époque. La détermination des heures d'arrivée des trains par l'utilisation d'horloges électromagnétiquement synchronisées constituait précisément la question *technique* qui, à l'époque, tourmentait l'Europe. Déjà au centre des préoccupations de l'industrie horlogère, de l'armée et des compagnies ferroviaires, elle était en outre le symbole d'un monde moderne *en train* (c'est le mot) de s'interconnecter à grande vitesse.

Cet exemple illustre la difficulté qu'il y a à identifier les ingrédients du progrès scientifique. Les découvertes et les inventions sont sans conteste portées, peu ou prou, par le contexte social qui les entoure, mais sans qu'on puisse dire qui est la poule et qui est l'œuf.

Quoi de neuf avec la science ?

Au train où vont les choses, les choses
où vont les trains vont cesser d'être des gares.
Pierre Dac

Le constat est devenu si banal qu'il confine à la ritournelle : nous assistons à un vaste changement d'échelle dans la puissance de notre outillage conceptuel et technique. Oui, il s'est produit, depuis un demi-siècle, une extension incroyable du domaine de l'artificiel. La frontière entre nature et technique s'est brutalement déplacée. Un nouveau cycle scientifico-industriel a démarré, qui a pris le relais de celui sur lequel s'était construite, entre 1800 et 1950, notre représentation du progrès. Ce sont les sciences du vivant et celles de l'information qui en sont les moteurs principaux. Du plus intime au plus global, leurs avancées concernent (affectent) notre rapport au corps, aux autres, au monde.

Notre rapport au corps, d'abord, parce que sous l'effet des découvertes en génétique, le corps (et plus largement le vivant), ce territoire traditionnellement naturel, est désormais envahi de technique, manipulable dans ses processus les plus profonds, aux endroits mêmes où il se « fabrique » : artificialisation de la procréation, médicalisation croissante de l'existence... nous sommes tout simplement en train de changer de corps.

Notre rapport aux autres ensuite, puisque nos processus d'échange se trouvent eux aussi massivement conditionnés par toute une économie de techniques, d'outils et de réseaux enchevêtrés.

Notre rapport au monde, enfin, parce que l'action technique, longtemps considérée comme une action locale aux effets locaux, diffuse sur toute la surface du globe et produit des effets à long terme dont certains sont irréversibles. Notre planète est peu à peu devenue un réceptacle, régulé mais fragile, capable de recevoir et de conserver les empreintes de nos propres actions. Témoin les changements climatiques dus aux activités humaines, mais aussi, du sida au bioterrorisme en passant par les virus informatiques, la déclinaison polymorphe du modèle « contamination-dissémination ». Devenus acteurs à l'intérieur de processus complexes, nous ne façonnons plus seulement « l'ici et le maintenant », mais aussi « l'ailleurs et le plus tard ». Une nouvelle histoire commence donc : celle de l'impact sur l'environnement de notre agir technologique. Elle promet d'être longue, agitée et fertile en surprises.

Dans le même temps, comme nous l'avons dit, la croyance dans le Progrès se délite. Plus précisément, ce qui s'affaisse, c'est l'idée que le Progrès serait une loi de l'Histoire planant au-dessus de nos têtes, une loi qui ferait avancer, ensemble et de façon presque mécanique, la connaissance des choses, la maîtrise de la nature, le bien-être des hommes. Car nous savons désormais que l'histoire de nos progrès est également habitée par de la contingence, qu'elle peut basculer vers le pire comme vers le meilleur, qu'un détail peut la faire soudainement bifurquer. Il y a donc du risque. Mais s'il y a du risque, c'est qu'il y a aussi du « jeu », c'est-à-dire des marges de liberté. Celles-ci sont toutefois étroites : autant nous avons conscience que la puissance technique s'accroît, et qu'elle est de plus en plus directement liée à l'accumulation des connaissances fondamentales, autant se développe le sentiment légitime que nous ne maîtrisons plus notre maîtrise, que nous sommes devenus capables de produire des effets que nous ne savons pas contrôler. Dès lors que les techniques passent du laboratoire au monde, d'un espace *in vitro* aux espaces *in vivo*, s'institue un nouveau régime de complexité : nous entrons dans des *intrications* dont les effets dépassent les limites de ce que nous savons ; une mélasse interagissante voit ainsi le jour qui, faisant système, conquiert une certaine forme d'autonomie vis-à-vis des contrôles exercés sur ses différentes composantes. Du coup, notre puissance ne nous apparaît plus que pour ce qu'elle est : modeste, simplement modeste.

Il suffit de lire les journaux ou d'écouter les conversations : un peu plus chaque jour, les nouveaux pouvoirs que nous donne la science fouettent notre imagination en même temps qu'ils suscitent des interrogations inédites, associées à autant de nouvelles craintes. La science porterait-elle la menace comme la nuée l'orage ? Serait-elle « frankensteinienne » par essence ? Cette question n'est pas spécialement postmoderne : l'homme primitif qui a, pour la première fois, utilisé un grattoir à peau de bête pour égorger un rival musclé s'est certainement posé, lui aussi, la question des dangers que pouvait présenter l'évolution des techniques. Et plus de trois siècles av. J.-C., en Chine, un recueil taoïste proclamait déjà que « c'est l'amour de la science qui a répandu le désordre dans le monde ». L'homme ne se refait pas, ni ne réinvente ses peurs. Mais ce qui a vraiment changé, c'est le registre de nos questions, l'ampleur de nos doutes et l'ambivalence de nos avis.

Revenons à titre d'illustration sur les mutations que nous évoquions plus haut, en commençant par celle qui concerne notre rapport au corps. Certains esprits, qui la craignent, la diabolisent d'emblée : les généticiens, insistent-ils, sont désormais suspects parmi les suspects ; ils devraient même endosser tous les péchés de la terre puisqu'ils nous conduisent vers une « posthumanité » proprement inhumaine, au sein de laquelle les bases intangibles de notre « nature » seront proprement liquidées. D'autres esprits, les « techno-prophètes », sont à l'inverse très enthousiastes : spéculant sur l'avenir des travaux en intelligence et en vie artificielles, ils encensent le futur, annonçant même pour bientôt la venue d'esprits sans entraves, libérés du corps, enfin affranchis des passions et accédant à l'immortalité. Mais nous, pauvres et simples mortels d'aujourd'hui, comment pourrions savoir lesquels ont raison ? À quoi devrions-nous céder, au catastrophisme édifiant ou à l'optimisme techniciste ?

Une même hésitation, un même balancement entre des positions extrêmes se retrouvent à propos de l'actuelle parousie des communications, qui transforme en profondeur nos rapports aux autres et au monde. On peut légitimement prétendre qu'elle renouvelle la démocratie, favorise la diffusion de la culture, renforce le sentiment d'appartenance au monde, le rapprochement des peuples, la connaissance d'autrui. Mais on peut tout aussi bien juger que tout cela n'est au contraire qu'une grande illusion. À la fin des années 1940, alors même que la télévision à grande échelle n'existait pas (et le *web* moins encore), le philosophe Ludwig Wittgenstein écrivait déjà : « Des hommes ont jugé qu'un roi peut faire pleuvoir ; *nous* disons que c'est là contredire toute expérience. Aujourd'hui, on juge que l'aéroplane, la radio, etc., sont des moyens de rapprochement des peuples et de diffusion de la culture[4] ». En effet, en marge d'elle-même, la communication électronique ne produit-elle pas *aussi* des solitudes et des soliloques ? Ne crée-t-elle pas de l'*in*communication ? Certes, notre voix, nos phrases, notre visage peuvent bien, de façon presque instantanée, être présents en n'importe quel site, en même temps que nous arrivent des nouvelles de tous et de partout. Mais qu'advient-il, réellement, de notre relation aux autres lorsque, par la suppression des distances, tout nous devient également proche, également lointain ? Et l'internet, qui rend de si précieux services et accroît si prodigieusement notre accès aux connaissances, n'est-il pas *aussi* un monstre froid, une sorte de « cybérie[5] » (pour parler comme Dominique Lecourt) ? Quant aux *médias* qui nous informent mieux que jamais mais font *aussi* de nous les contemporains automatiques et hébétés de tout ce qui arrive, n'orchestrent-ils pas, en définitive, une vaste polyphonie de l'insignifiance ?

Ces questions, ou d'autres du même ordre que poseront un jour où l'autre les premières applications des nanosciences (par exemple), nous aimerions pouvoir les trancher d'une façon ferme et définitive. Mais nous n'y réussissons pas, car nous sommes disloqués à mi-chemin entre le culte de la technique et la célébration de la nature. Alors, nous hésitons, tergiversons, temporisons, sans jamais parvenir à traiter ces interrogations autrement qu'en braconnant dans des registres de références hétéroclites.

D'autant qu'en marge de nos doutes, c'est l'idée même de réel qui est entrée en crise de croissance.

L'agrandissement du réel

Le Réel me donne de l'asthme.
Cioran

Autrefois, les scientifiques évoquaient un réel dont ils pensaient pouvoir être assurés, un réel inentamable, authentique, originaire et non fictif. Aujourd'hui, c'est la nature même de ce réel qui est en train de se métamorphoser par l'utilisation généralisée de simulations, de modélisations et de scénarios dans toutes les disciplines scientifiques. Jadis, le réel était tantôt l'objet, tantôt l'obstacle, tantôt le critère, tantôt l'épreuve de la science. Aujourd'hui, il s'entoure de virtuel de sorte que ses contours ne sont plus fixes. Car la science simulante traite des possibles, et non pas seulement de ce qui est.

Cette montée du réel vers le possible ou l'artificiel ouvre des mondes nouveaux que nous cherchons de plus en plus à créer, sans avoir à tenir compte de l'obstacle ou de l'épreuve du réel, autrefois irrécusable, et que nous contournons par des variations sur le virtuel. Cette libération par rapport à un réel naguère nécessaire impose aux scientifiques des responsabilités nouvelles, puisqu'ils se trouvent moins liés qu'auparavant à la fatalité de l'expérience. Ils réalisaient jadis leurs applications sous le contrôle du monde tel quel. Ils créent aujourd'hui, par des possibles qui se réalisent, un réel obèse et inédit qu'ils peuvent ou non imposer, sans que personne puisse dire *a priori* s'il est bon ou mauvais. Le clonage dit thérapeutique, ardemment discuté aujourd'hui, est un bon exemple de ces métamorphoses du réel dont nous ne savons pas si nous devons ou non les accepter. En somme, nous craignons de « pouvoir » avant même de savoir si nous voulons vraiment pouvoir. Déjà, certains progrès de la science et de la technique ne s'imposent-ils pas à nous plus rapidement que notre désir explicite de les voir entrer dans les faits ?

Notre méfiance vis-à-vis de ces progrès se trouve augmentée par le fait que nous avons compris qu'il ne faut pas voir de dangers que là où séviraient des intentions perverses. Le problème ne naît pas de la déviance isolée de tel ou tel scientifique, mais est consubstantiel d'un certain ordre préparé par nous tous, faiseurs et demandeurs de progrès en matière de thérapie génique ou de médecine régénérative. Mais comment garantir que nous pourrons, indéfiniment, nous adapter à ce que nous nous ajoutons ? Et comment nous assurer que les métamorphoses que nous rendons possibles n'abîmeront pas l'essence même de notre condition ? L'humanité s'est mise en fusée, elle décolle, elle flotte en navette, mais pourra-t-elle seulement revenir ? Immanquablement, les menaces exprimées dans ces questions nous incitent à chercher des repères. Mais quelle nouvelle boussole inventer ?

Pris au dépourvu, c'est vers l'éthique que nous nous tournons, avec l'espoir qu'elle pourrait faire office de ligne Maginot contre les progrès tous azimuts, et peut-être aussi nous dire sur quelles bases fonder un nouvel humanisme.

Le retour ambigu de l'éthique

Il y a deux sortes de gens : ceux qui disent qu'il y a deux sortes de gens, et les autres.
Charles de Gaulle

L'éthique est cette partie de la philosophie qui ordonne l'existence pratique à la représentation qu'on se fait du Bien. Les discours contemporains l'invoquent avec une insistance qui est à la limite de l'incantation. L'éthique, nous la voudrions donneuse de leçons et de réconforts, nous l'imaginons instructrice de vertu, pourvoyeuse de représentations, soucieuse de sagesses, toujours le dialogue aux lèvres et une bonne vieille philosophie bien adéquate à portée de main.

Mais à bien y regarder, l'actuel retour de l'éthique prend le mot dans un sens très flou. Il penche tantôt du côté du discours pieux, tantôt du côté de la morale laïque, tantôt du côté de la mélancolie de fin d'époque, tantôt du côté du supplément d'âme pour période inquiète, ce qui finit par faire beaucoup de côtés pour définir ce qui devrait plutôt ressembler à une « droite ligne ». Mais c'est ainsi : la référence à l'éthique est devenue une sorte de code diffus par lequel toutes les questions nouvelles qui se posent à nous se trouvent projetées dans le champ confus des valeurs.

À quoi ce mot savant doit-il donc d'être aujourd'hui plébiscité ? Quelques réponses s'imposent : les incertitudes économiques et sociales sont douloureuses, les repères symboliques manquent ; la science n'a pas tenu toutes ses promesses ; elle s'est même faite complice de la guerre et de l'horreur ; quant au progrès, qui devait émanciper l'humanité du despotisme et de l'ignorance, de la barbarie et de la misère, il ne se poursuit plus que sous le nom bien fade de « développement » ; enfin, nous avons douloureusement constaté qu'une volonté collective du bien peut faire le mal, qu'une idée trop précise du bien mène à la catastrophe. Le XXe siècle, tombé de trop de rêves, rongé par le soupçon méthodique, fasciné par le néant, nous a *grosso modo* laissés orphelins. Alors, dans ce flottement tutélaire qui caractérise la modernité, nous repensons à l'éthique. C'est plutôt mauvais signe, car on s'intéresse à elle comme on s'intéresse à la philosophie en général, c'est-à-dire seulement quand cela ne va pas trop bien. De même que le thème de la liberté n'est jamais si valorisé qu'au moment où règne l'oppression, on invoque l'éthique à l'heure où les hommes se sentent maltraités et craignent de l'être encore davantage. Serait-ce simplement parce que nous ne savons plus comment la pratiquer ? Ne l'invoquerions-nous que pour maintenir nos illusions perdues dans le champ des idées, comme un cri indigné qui se perd dans le vent de la nuit ? Ces questions ne sont ni artificielles ni capillo-tractées. Elles se posent vraiment : chacun d'entre nous voit bien à quels soins intensifs (voire palliatifs) le mot éthique est parfois soumis pour qu'il ait encore l'air d'avoir un sens.

Il lui arrive même d'être utilisé sans sincérité aucune, comme simple drapeau. Quittons un instant le monde de la science pour celui des médias : nous sommes nombreux à avoir gardé en mémoire l'article intitulé « Peut-on tout montrer à la télévision ? » que le PDG d'une grande chaîne de télévision privée publia dans le quotidien *Le Monde* daté du 11 mai 2001 pour dire tout le mal qu'il pensait d'une nouvelle émission, *Loft Story*, diffusée par une chaîne concurrente. Alors même que son propre groupe était en train de signer un contrat pour une émission du même acabit avec la société productrice de *Loft Story* (comme on l'apprendra plus tard), ce monsieur crut devoir interpeller les hommes politiques, « pour des raisons déontologiques, morales et politiques », afin qu'ils réfléchissent « à la mainmise d'un groupe étranger, fût-il européen, sur un grand réseau de télévision »... La recette, vieille comme le monde, est décidément inusable : se placer explicitement sous l'égide de l'éthique, prendre le masque de la vertu, ce qui donne ensuite toute latitude pour bafouer impunément l'une et l'autre. Pour le coup, c'est le mot éthique, et non plus celui de progrès, qui semble être devenu magique : il suffit de l'invoquer en préambule pour se donner ensuite le droit de diffuser des émissions aussi crétinisantes que celles dont on déplorait la diffusion par une chaîne concurrente…

Ce mot grec ne se serait-il donc imposé que parce la morale, son synonyme, aurait commencé d'y perdre son latin ?

Non, car il y a, heureusement, un autre usage possible de l'éthique, celui qu'on pourrait appeler l'« usage éthique de l'éthique ». C'est évidemment lui qu'il faut promouvoir, même si c'est incommensurablement plus difficile. Il consiste à engager la responsabilité de l'ingénieur et du scientifique, bien sûr, mais aussi celle de la société tout entière : au risque d'une litigiosité permanente, il s'agit d'intégrer dans l'exercice de la science et de l'invention technique une préoccupation nouvelle qui marie la volonté de savoir et le désir de « faire avec » le respect du vivant et le souci de l'autre. Mais comment procéder pour construire de nouvelles relations entre le savant, le citoyen et le politique, c'est-à-dire entre l'activité de recherche, le débat démocratique et la décision politique ? Que faire pour que le « droit de savoir » (qui est parfaitement légitime) devienne volonté de connaître ? Et que devrons-nous inventer pour que le désir de débattre donne à la culture scientifique une nouvelle place dans les compétences citoyennes ?

Science, démocratie et citoyenneté

Il y a une révolution générale qui change le goût des esprits aussi bien que les fortunes du monde.
La Rochefoucauld

Une certitude s'impose aujourd'hui : les attentes eschatologiques qui nourrissaient hier la foi dans le Progrès ont laissé place au doute et au scepticisme. L'idée que la science est une valeur en soi a donc vécu : nous souhaitons désormais juger l'arbre à ses fruits. Ainsi en sommes-nous venus à nous alarmer du moindre indice négatif. Parfois, nous cédons même à la panique. Faut-il en déduire que nous aurions tendance à croire trop facilement le premier scénario-catastrophe venu ? Que nous serions en train de faire triompher l'irrationnel du pire ? Non, car toutes les peurs ne sont pas pathologiques.

D'abord, la peur n'est pas quelque chose que l'on décide : c'est une émotion que l'on éprouve, et à ce titre, toute peur est respectable. Ensuite, on ne peut prétendre que les craintes ne sont que des produits de l'ignorance : toutes ne sont pas solubles dans le savoir, et cela d'autant moins qu'aujourd'hui, certaines menaces sont détectées et objectivement identifiées grâce … aux connaissances scientifiques (songeons aux changements climatiques induits par l'activité humaine). Enfin, nous avons besoin d'en passer par les peurs pour grandir et résister : elles seules nous évitent de sombrer dans l'angoisse abyssale qui résulte immanquablement de la confrontation au néant. Leur vertu principale, irremplaçable même, vient de ce qu'elles se portent toujours sur quelque chose de précis, à la différence de l'angoisse qui est toujours diffuse et parfois sans cause explicite. D'une façon générale, la peur doit donc être considérée positivement, comme un mécanisme de défense qui nous permet de conjurer nos angoisses, pour le plus grand bien de notre équilibre psychique. À condition, bien sûr, de ne pas en abuser. Car si les menaces bien réelles dont nous avons parlé s'exerçaient sur un monde affolé et comme disposé à la terreur, alors elles contribueraient à nous affaiblir plus encore, au lieu de nous inciter à les affronter pour ce qu'elles sont.

Il serait par ailleurs dangereux de décréter que toutes les craintes qui s'expriment aujourd'hui sont irrationnelles. D'autant qu'en même temps que croissent les doutes et les peurs s'affirme l'exigence d'une prise de responsabilité collective, même si ses modalités restent difficiles à entrevoir. Qu'est-ce qui, de la science, nous regarde ? Qu'est-ce qui, dans la science, est discutable ? Qu'est-ce qui, de la science, peut être transformé en « bien public » ? Dans un champ où interfèrent sans cesse les intérêts économiques, par où passe la frontière entre ce qui relève de l'expertise savante, ce qui réclame une discussion générale et ce qui revient à la décision politique ?

S'il semble aujourd'hui nécessaire de réinventer une « politique de la science » capable d'enrichir la démocratie, c'est bien parce que les imbrications entre recherche fondamentale, innovations technologiques, applications industrielles et implications économiques et sociales sont tellement resserrées que la responsabilité est forcément partagée. De plus, les questions éthiques et politiques ont leur autonomie : les connaissances scientifiques (l'expertise), si nécessaires qu'elles soient pour les éclairer, ne suffisent pas à les trancher, car elles ne savent tout simplement pas dire à notre place dans quel monde nous souhaitons vivre. C'est le côté « plus belle fille du monde » de la science : elle ne peut donner plus que ce qu'elle a. Cela ne signifie nullement que la vieille distinction entre science et opinion s'estompe : il y a bien, du côté du savant, des données qui relèvent de la rigueur de la théorie et de celle de l'expérience. Et il faut ici, qu'on le veuille ou non, apprendre avant de parler. Mais justement, plus le savoir s'accroît et plus il ouvre des questions qui le débordent : les sciences rendent pensables de nouvelles questions qu'elles ne savent pas résoudre et découvrent des champs qui réclament d'autres ordres de discours que le leur. D'où la nécessité de construire des espaces publics où partage des connaissances et déploiement du débat trouvent leur juste articulation. Plutôt que de craindre l'avenir, mettons-nous en demeure de lui donner un contenu conforme à nos désirs ; au lieu d'attendre qu'il se contente d'advenir, faisons en sorte que son visage soit plaisant. Cela demande de la réflexion, de l'action, sans doute des renoncements lucides, en tout cas une volonté d'anticipation sans laquelle l'avenir pourrait perdre toute ressemblance avec nos désirs présents.

Le problème vient de ce que la science et la démocratie ont aujourd'hui des problèmes d'articulation. Leurs relations, qui ne sont ni directes ni systématiques, s'avèrent diablement compliquées. Notons d'abord qu'à plusieurs reprises dans l'histoire, la science a pu se développer – voire a été fortement soutenue – au sein de régimes qui n'avaient rien de démocratique (songeons à l'ex-URSS).

Ensuite, le fait qu'en principe la science et la démocratie ont en commun de n'exister que par l'acceptation de la confrontation ne suffit manifestement pas à les concilier spontanément. Il faut au préalable que la confrontation en question ait vraiment lieu et que les échanges puissent s'organiser. Il s'agit donc de faire en sorte que chacun puisse se faire un jugement éclairé sur les grands enjeux scientifiques et technologiques du moment. Mais comment inciter ceux qui ne connaissent pas la science à vouloir la connaître ? Comment les aider à se tourner vers les scientifiques pour les questionner : « Que faites-vous au juste ? Que savez-vous exactement ? En quoi ce que vous proposez est-il pertinent pour nous ? » Réciproquement, comment obliger les experts à ne plus s'en tenir à leurs seules propres raisons et à écouter celles des autres ? Et quelles procédures de délibération et de décision inventer qui feraient de l'incertitude et des riques un fardeau partagé, et partagé équitablement ?

Reste donc le plus difficile : organiser le débat entre les experts et les citoyens, faire s'exprimer les motivations, les désirs et les craintes. Certains, qui reprochent au public sa paresse intellectuelle et son peu de résistance vis-à-vis du marketing ou de la manipulation médiatique, prétendent que l'idée d'une science citoyenne relève de l'utopie ; d'autres soupçonnent les scientifiques de ne pas jouer le jeu, les accusent d'ésotérisme ou d'élitisme, leur reprochent de ne pas assez dire ce qu'ils pensent de ce qu'ils savent ou regrettent qu'ils n'aient pas su protéger leur autonomie contre toutes sortes d'hégémonies. Mais avant de décréter que la science est ou n'est pas une entreprise compatible avec ce que nous appelons la « citoyenneté », nous devrions au préalable vérifier que nous avons bien tout essayé en matière de diffusion des connaissances. Les scientifiques en ont-ils fait suffisamment dans ce domaine ? Et les médias ? *Quid* notamment de la télévision, seule capable de toucher un très large public ? Le citoyen n'est-il pas en droit d'attendre d'elle davantage d'éclairages et d'explications (notamment de la part des chaînes justement dites « publiques ») ? À la décharge de ses responsables, il faut reconnaître que l'affaire est d'autant moins simple que la forme traditionnelle de la vulgarisation semble avoir atteint ses limites. On peut même parler d'un échec « relatif ». Dès lors, une question en forme de défi (passionnant !) se pose à tous, qu'ils soient scientifiques, éditeurs, enseignants, étudiants, réalisateurs, producteurs : est-il possible d'inventer de nouvelles façons de présenter la science ? Serons-nous capables de tisser autrement ses atours, ses certitudes, ses conquêtes, ses interrogations ? En bref, trouverons-nous rapidement le moyen de la ré-*érotiser* ?

Mais peut-être gardons-nous une conception trop scolaire de la démocratie : il est irréaliste d'espérer faire de chaque citoyen un scientifique éclairé (serait-ce seulement souhaitable ?). Est-ce à dire que nous devrions revoir à la baisse nos ambitions en matière de démocratie ? Certes non. N'est-ce pas au contraire à davantage d'audace que nous sommes désormais invités ? La démocratie, comme l'a écrit le physicien Jean-Marc Lévy-Leblond, c'est en effet « le pari que, devant nous prononcer en (relative) *méconnaissance de cause*, la "moins pire" des solutions (suivant l'imparable aphorisme churchillien) est de le faire collectivement et d'assumer ensemble les risques de ces décisions. Au principe du projet démocratique, cet énoncé que *la conscience prime la compétence* [...] ». Loin que l'accroissement du niveau général de culture scientifique et technique de la société soit un préalable à l'extension du projet démocratique à la technoscience, c'est, tout à l'inverse, cette extension qui stimulera cet accroissement : c'est la prime accordée à la conscience qui développera la compétence[6] ». Ce renversement de point de vue mérite d'être discuté. En effet, lorsqu'il s'agit de dire quel avenir nous voulons façonner ensemble, est-il vraiment obligatoire de connaître beaucoup de science avant de s'accorder le droit de prendre la parole ?

Quoi qu'il en soit, il faut faire vite. Car deux signaux nous sont maintenant bien visibles : le premier est que les arcanes du tarot ou des décans astrologiques sont aujourd'hui mieux connus du grand public que la classification des particules élémentaires ; le second est que les étudiants rechignent de plus en plus à s'engager dans des carrières scientifiques. La science, cette irrempaçable école de rigueur, et même cette sorte de dernier rempart contre l'esprit de puérilité qui envahit désormais la part médiatisée de la culture, perd chaque jour un peu de ses attraits. Ses relations avec la société sont en passe de ressembler à celles d'un vieux couple qui se défait : les débats restent passionnés, mais les rapports ne le sont plus.

Très bientôt, il faudra donc peut-être écrire un autre petit livre, dont le titre serait : *N'est-ce pas plutôt nous qui menaçons la science ?*

Références

1. Voir le livre de Jean-Pierre Dupuy, *Pour un catastrophisme éclairé : quand l'impossible est certain*, Le Seuil, 2002. ?

2. Voir l'article de Philippe Hubert, « Datation des vins, neutrino et radioactivité », *in Bulletin de la Société française de physique*, n°139, mai 2003.

3. Voir Peter Galison, « Le train fantôme de la relativité restreinte » *in La Recherche*, « Le temps », hors-série n°5, avril 2001, pp. 30-35.

4. Ludwig Wittgenstein, *De la certitude*, Gallimard, « Tel », 2000, p. 55.

5. Dominique Lecourt, *L'Avenir du progrès*, Textuel, 1997, p. 72.

6. Jean-Marc Lévy-Leblond, « En méconnaissance de cause », *in La Pierre de touche*, Gallimard, « Folio-Essais », 1996, pp. 38-59.

Bibliographie

Henri Atlan, *La Science est-elle inhumaine ?*, Bayard, « Le Temps d'une question », 2002.

Dominique Bourg, Jean-Michel Besnier (dir.), *Peut-on encore croire au progrès ?*, PUF, « La Politique éclatée », 2000.

Jean-Pierre Dupuy, *Pour un catastrophisme éclairé : quand l'impossible est certain*, Le Seuil, « La Couleur des idées », 2002.

Nayla Farouki (dir.), *Les Progrès de la peur*, Le Pommier, 2001.

Dominique Janicaud, *L'Homme va-t-il dépasser l'humain ?*, Bayard, « Le Temps d'une question », 2002.

Hans Jonas, *Le Principe responsabilité*, Le Cerf, « Passages », 1990 (rééd. Flammarion, « Champs » 1998).

Dominique Lecourt, *Contre la peur. De la*

science à l'éthique, une aventure infinie, Hachette, « Les Essais du XXe siècle », 1990 (rééd. PUF, « Quadrige » 1999).
Dominique Lecourt, *Prométhée, Faust, Frankenstein : fondements imaginaires de l'éthique*, Synthélabo, « Les Empêcheurs de penser en rond », 1996 (rééd. Livre de poche « Biblio-Essais » 1998).
Dominique Lecourt, *Humain post-humain, la technique et la vie*, PUF, « Science, histoire et société », 2003.
Jean-Marc Lévy-Leblond, *La Pierre de touche*, Gallimard, « Folio-Essais », 1996.
Isabelle Stengers, *Sciences et pouvoirs, la démocratie face à la technoscience*, La Découverte, « Sciences et société », 1997 (rééd. « La Découverte poche » 2002).

Table des matières

N° éditeur : 0109-01/1 - N° imprimeur : 23-0951
Achevé d'imprimer sur rotative par l'Imprimerie Darantiere
à Dijon-Quetigny en août 2003 - Dépôt légal : août 2003
Imprimé en France

n°17. *Faut-il allaiter son enfant ?*
Louis-Marie Houdebine
n°18. *Pourquoi la nuit est-elle noire ?*
Jean-Michel Alimi
n°19. *Le singe est-il le frère de l'homme ?* Pascal Picq
n°20. *Hommes, femmes, sexuellement compatibles ?*
Lucien Chaby
n°21. *D'où vient la vie ?* Marie-Christine Maurel
n°22. *Les odeurs nous parlent-elles ?* Pierre Laszlo
n°23. *Doit-on croire au big bang ?* Alain Bouquet
n°24. *Qu'est-ce qu'une goutte d'eau ?* David Quéré
n°25. *Y a-t-il un bon régime ?* Michel Hautecouverture
n°26. *Pourquoi les feuilles sont-elles vertes ?* Paul Mathis
n°27. *À quoi sert la bioéthique ?* Jean-Paul Thomas
n°28. *Peut-on encore manger sans peur ?* Pierre Feillet
n°29. *Peut-on croire la météo ?* Robert Sadourny
n°30. *Combien de particules dans un petit pois ?*
François Vannucci
n°31. *L'énergie nucléaire a-t-elle un avenir ?*
Hervé Nifenecker
n°32. *Comment peut-on être ado ?*
Nicole Vacher-Neill
n°33. *Combattre l'effet de serre nous mettra-t-il sur la paille ?* Roger Guesnerie
n°34. *La science nous menace-t-elle ?* Étienne Klein
n°35. *Pourquoi les avions volent-ils ?*
Jean-Baptiste Touchard
n°36. *Faut-il avoir peur des maths ?* Benoît Rittaud